獻給我所有的老師
感謝您們的教導與支持

花的祕密：植物為什麼會開花？

作者／瑞秋‧伊格諾托夫斯基（Rachel Ignotofsky）　譯者／陳雅茜

責任編輯／盧心潔　封面暨內頁設計／趙璦　特約行銷企劃／張家綺　出版六部總編輯／陳雅茜

發行人／王榮文

出版發行／遠流出版事業股份有限公司　地址／臺北市中山北路一段 11 號 13 樓

電話／ 02-2571-0297　傳真／ 02-2571-0197　郵撥／ 0189456-1

遠流博識網／ www.ylib.com　電子信箱／ ylib@ylib.com

ISBN ／ 978-957-32-9304-0

2021 年 11 月 1 日初版　2023 年 11 月 10 日初版三刷

定價‧新臺幣 380 元　版權所有‧翻印必究

花的祕密：植物為什麼會開花？／瑞秋‧伊格諾托夫斯基（Rachel Ignotofsky）作；

陳雅茜譯 . -- 初版 . -- 臺北市：遠流出版事業股份有限公司 , 2021.11　面；　公分

譯自：What's inside a flower？ : and other questions about science & nature

ISBN 978-957-32-9304-0（精裝）

1. 花卉　2. 植物形態學　3. 通俗作品

371.73　　110015336

植物為什麼會開花？

花的祕密

文·圖／瑞秋·伊格諾托夫斯基

譯／陳雅茜

花朵，
綻放在每個地方。

它們綻放在……

繁華的城市裡、

鬱金香TULIP

ROSE 玫瑰

DOGWOOD TREE
大花山茱萸

HELICONIA 赫蕉

茂密的叢林中、

HIBISCUS扶桑花

RAFFLESIA 大王花

香蒲 CATTAIL

溼漉漉的沼澤內、

WATER LILY 睡蓮

金琥仙人掌
BARREL CACTUS

PRICKLY
PEAR CACTUS
刺梨仙人掌

熾熱的
沙漠上，

大花犀角
STARFISH CACTUS

點地梅
ROCK-JASMINE

雪絨花
EDELWEISS

ALPINE MOON DAISY 高山濱菊

ALPINE
BELLFLOWER
高山風鈴草

以及偏布岩石的高山頂。

罌粟葵 WINECUP FLOWER

紫色達利菊 PURPLE PRAIRIE CLOVER

藍色春雛菊 BLUE SPRING-DAISY

網狀蔥 PRAIRIE ONION

螳螂 PRAYING MANTIS

蚱蜢 GRASSHOPPER 蚱蜢

在野地草原裡，

還有精心布置的
花園中。

風信子 HYACINTH

水仙 DAFFODIL

薰衣草 LAVENDER

各式各樣的花朵有著

不同的顏色、

冠狀銀蓮花 RED ANEMONE

萬壽菊 MARIGOLD

薰衣草 LAVENDER

不同的形狀、

BIRD -OF- PARADISE
天堂鳥

維納斯拖鞋蘭 VENUS SLIPPER ORCHID

HELICONIA 赫蕉

西番蓮 PASSIONFLOWER

不同的大小。

CORPSE FLOWER 巨花魔芋

臭臭的

蠅

直徑可超過 90 公分

高度可超過 200 公分

單獨一朵 巨大的花

滿天星 BABY'S BREATH

直徑大約 只有 0.3 公分

繁多細碎 的小花

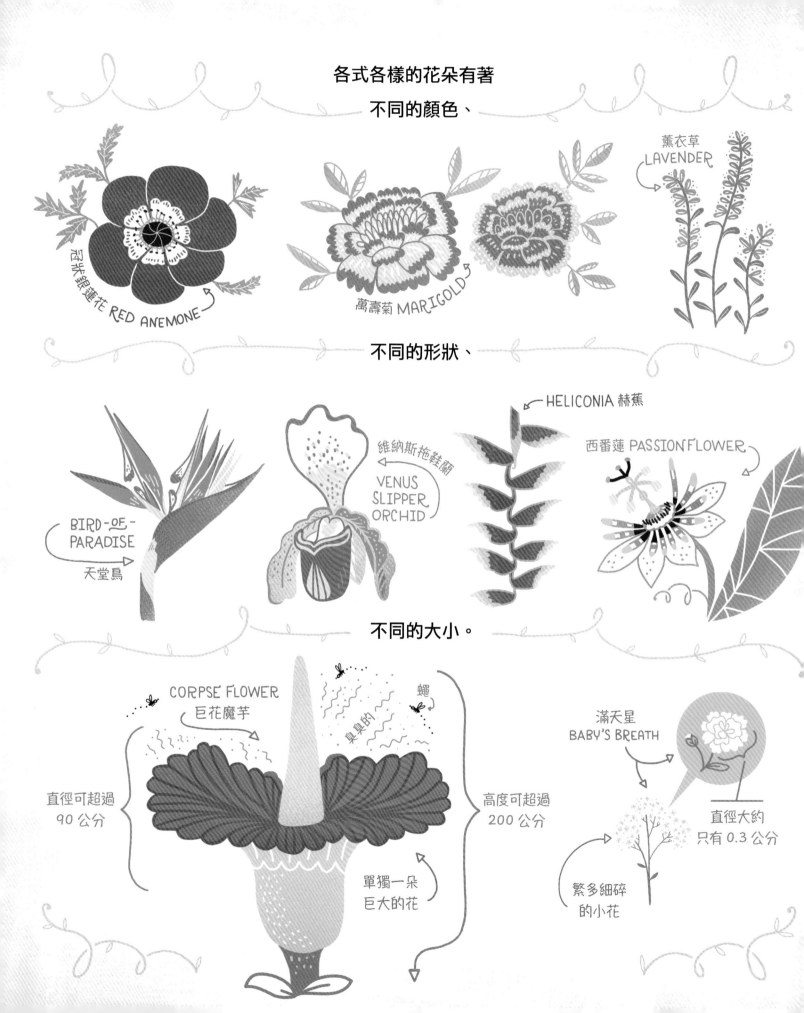

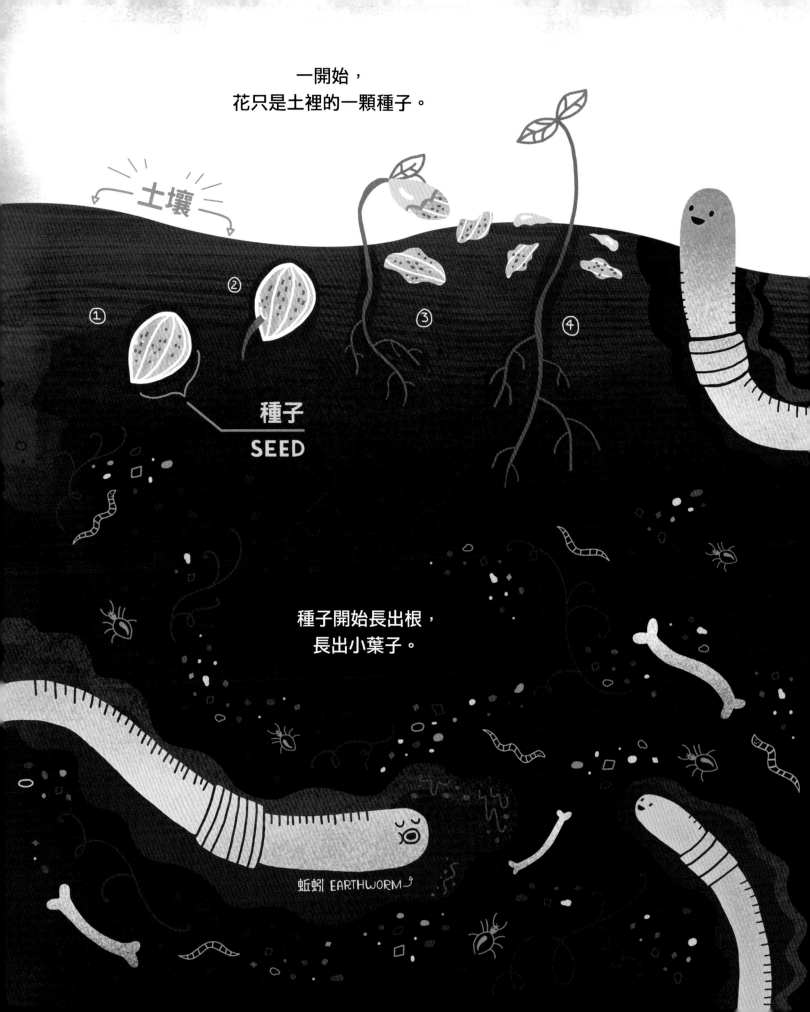

一開始，
花只是土裡的一顆種子。

土壤

① ② ③ ④

種子
SEED

種子開始長出根，
長出小葉子。

蚯蚓 EARTHWORM

落葉和土堆裡藏有真菌，
還有蟲子和細菌鑽來鑽去、吃個不停。

這些生物是分解者，
專門吃垃圾、死亡的生物，
還有便便！

分解者能把廢物分解，
製造新的土壤。

土壤正是最適合
讓種子生長
並開出花朵的地方。

莖
STEM

螞蟻 ANT

主根
MAIN
ROOT

雨水滲入土壤，
流向植物的根。

水

土裡的礦物質
有助於植物生長健壯。

根毛負責吸收水
和礦物質。

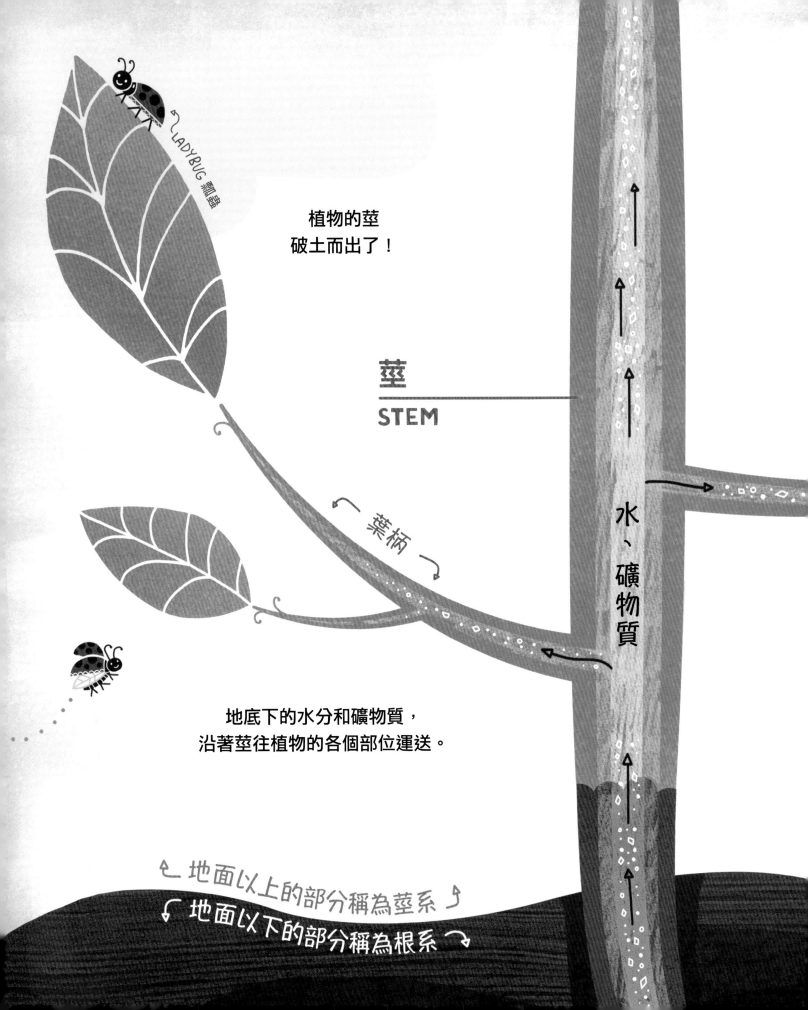

LADYBUG 瓢蟲

植物的莖
破土而出了！

莖
STEM

葉柄

水、礦物質

地底下的水分和礦物質，
沿著莖往植物的各個部位運送。

地面以上的部分稱為莖系
地面以下的部分稱為根系

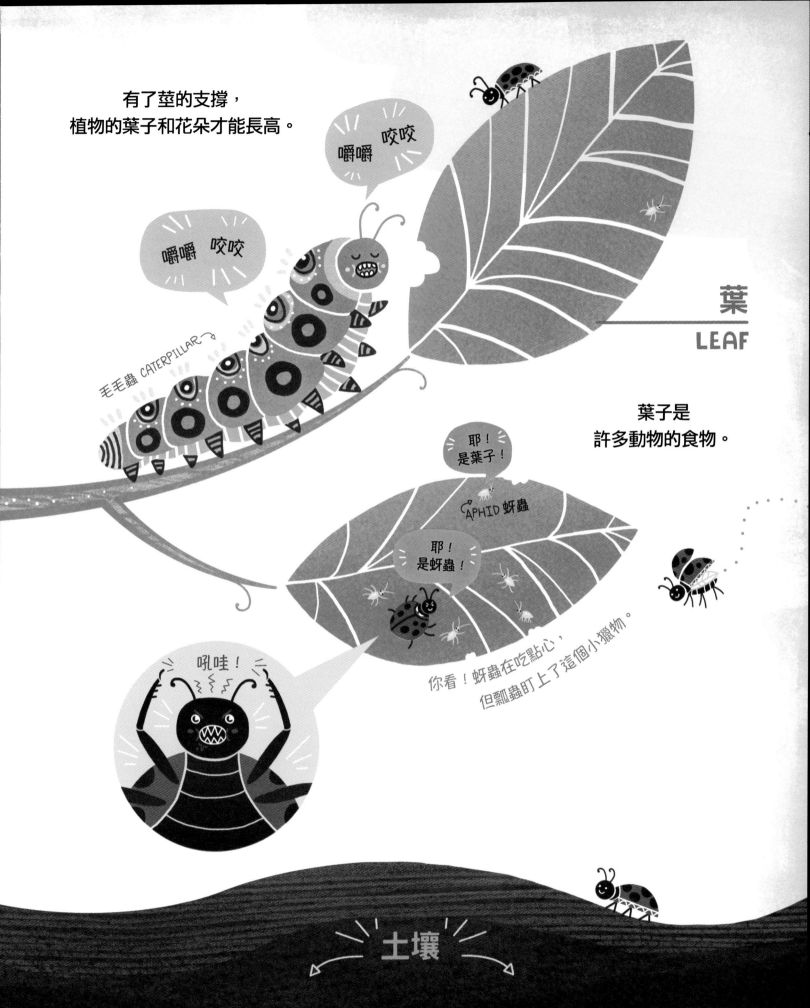

植物的葉子
負責一項特別的任務：
吸收陽光。

植物藉由光合作用
這種過程，
把陽光轉換成養分。

哇！

葉
LEAF

陽光

陽光

↳ **光合作用** ↲

在光合作用的過程中，植物會利用
陽光、水，還有空氣中的二氧化碳……

能量 ＋ H_2O ＋ CO_2

製造出糖（葡萄糖），這是植物的「食物」！

進行光合作用
的地方

植物細胞

放大的樣子

把陽光變成養分，
是植物的超能力！

植物進行光合作用，
還能釋放新鮮的空氣。

空氣中的二氧化碳
進入植物……

結果轉變成
清新的氧氣。

植物製造出氧氣，
讓所有人都能呼吸！

人需要食物才能長高長壯，
花朵也需要陽光、
水和礦物質才能綻放。

陽光

水

葉子

莖

根

礦物質

開花植物生長成熟時，
會開始結出花苞。

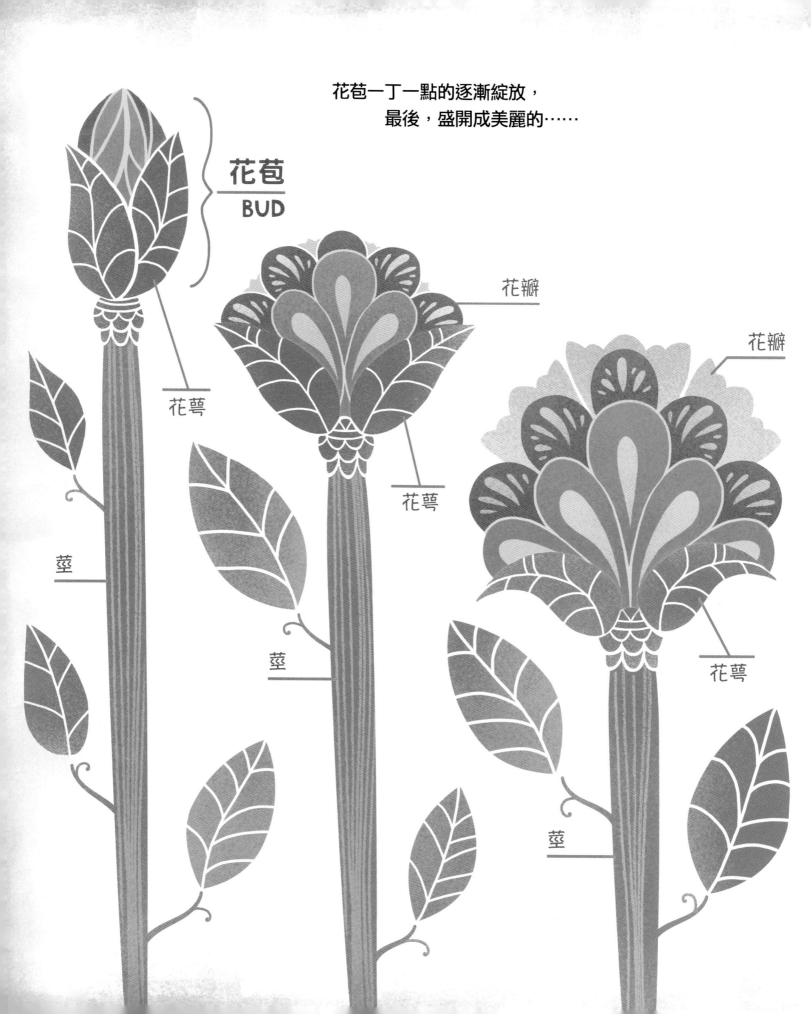

花苞一丁一點的逐漸綻放，
最後，盛開成美麗的……

花苞
BUD

花瓣

花萼

花瓣

莖

花萼

莖

莖

花朵！

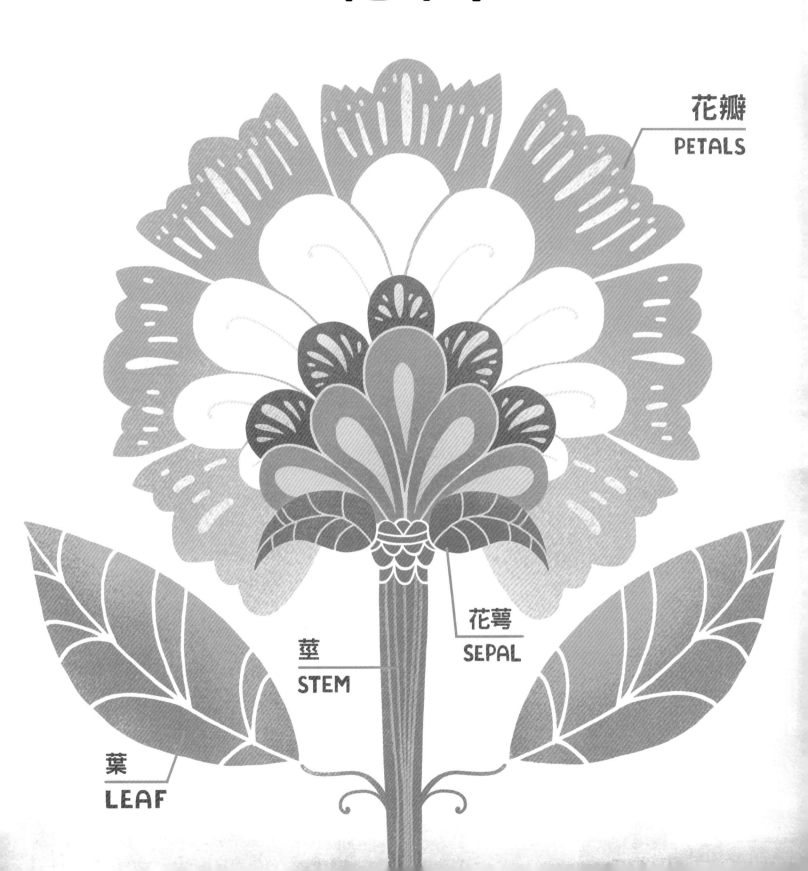

花瓣
PETALS

花萼
SEPAL

莖
STEM

葉
LEAF

来看看花朵内部，
種子從哪裡來呢？

雌蕊 PISTIL

柱頭

花柱

胚珠

子房

花粉
POLLEN

雄蕊 STAMEN

花藥

花絲

花瓣

莖

花萼

葉

雄蕊上毛茸茸的顆粒
稱為花粉。

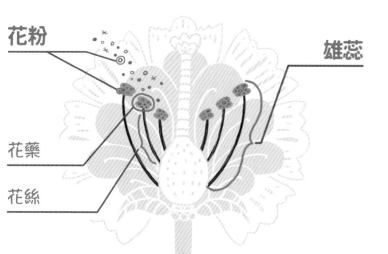

花粉

雄蕊

花藥

花絲

雌蕊有黏黏的柱頭，
還有稱為胚珠的小小卵細胞。

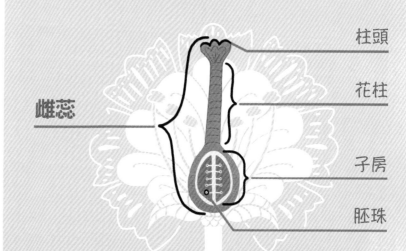

柱頭

花柱

雌蕊

子房

胚珠

想要長出種子，
必須有花粉落在柱頭上。

花粉

這個過程稱為
授粉。

相同種類的花
才能授粉。

有些種類的花，
單靠自己就能產出種子。

我可以自
花授粉！

我靠自己
就能產出
種子。

SUNFLOWER
向日葵

但大多數花朵
需要來自其他植株的花粉。

這稱為
異花授粉。

我們需要幫
忙才能產出
種子。

我需要你
的花粉！

許多花朵都需要幫忙才能授粉。

花粉

GOAT WILLOW 黃花柳

有些花依賴風
傳播花粉。

各種野草

有些花需要動物……

黃花松果菊
CONEFLOWER

BUMBLEBEE 熊蜂

花粉

蜂鳥 HUMMINGBIRD

COLUMBINES 耬斗菜

這些動物稱為
授粉者。

蛾 MOTH

花粉

花粉

蝴蝶 BUTTERFLY

忍冬 HONEYSUCKLE

百日草 ZINNIA

花朵會分泌
授粉者愛吃的花蜜。

授粉者

好吃

花蜜

花粉

雄蕊

長舌果蝠 CAVE NECTAR BAT

蝴蝶、蜜蜂、鳥,還有蝙蝠,
全都會鑽進花朵裡
享受美味的大餐。

花粉會黏在授粉者身上……

當授粉者
在花朵之間採蜜……

花蜜吧!
好吃!

花粉

花蜜

花粉

花粉

牠們身上的花粉
會傳播出去,
幫助花朵產生種子!

花朵吸引授粉者的方法各有千秋。

許多花朵長出鮮豔的花瓣，
好比霓虹招牌打著
「這裡有花蜜！」的廣告。

有些花散發強烈的氣味
吸引授粉者。

夜間綻放的花朵氣味特別香濃，
好讓授粉者在黑暗中
聞香而來。

花瓣的形狀讓前來拜訪的授粉者
更容易採蜜。

花粉

MARIGOLD 萬壽菊

DAISIES 雛菊

有些花瓣的形狀像停機坪，
可供昆蟲歇腳，

TRUMPET CREEPER
美國凌霄花

也有些花瓣
特別適合長嘴、長舌的
鳥類吸蜜。

花粉

毛茛 BUTTERCUP

愈多授粉者前來採蜜，
花朵產生種子的機會也就愈高。

花

西番蓮 PASSIONFLOWER

橡樹 OAK TREE

橡實 ACORN

西番蓮種子

PASSION FRUIT
百香果

番茄種子

POPPY 罌粟

花

番茄 TOMATO

罌粟籽

許多植物
都靠種子繁殖，
讓下一代
散播到世界各地生長！

花

DANDELION 蒲公英

蒲公英種子

楓樹種子

MAPLE TREE
楓樹

花朵透過授粉產生新種子。
當花粉落在柱頭上，會朝向胚珠——也就是卵細胞，
長出一根細小的管子。

花粉

柱頭

花粉管   精細胞

花粉 POLLEN

柱頭
STIGMA

花粉就是這樣讓
胚珠授粉的。

花柱

子房

花粉管
TUBE

胚珠
OVULE

一顆花粉粒和
一顆胚珠能形
成一顆種子。

當花粉粒和胚珠結合，
新生的種子
就開始生長了。

種子漸漸長大，花朵也開始有了變化。
花瓣枯萎掉落……

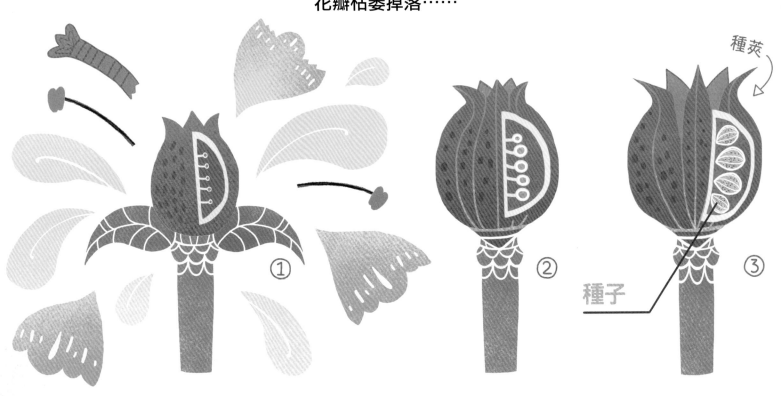

果實、種莢會漸漸膨大，
保護珍貴的種子。

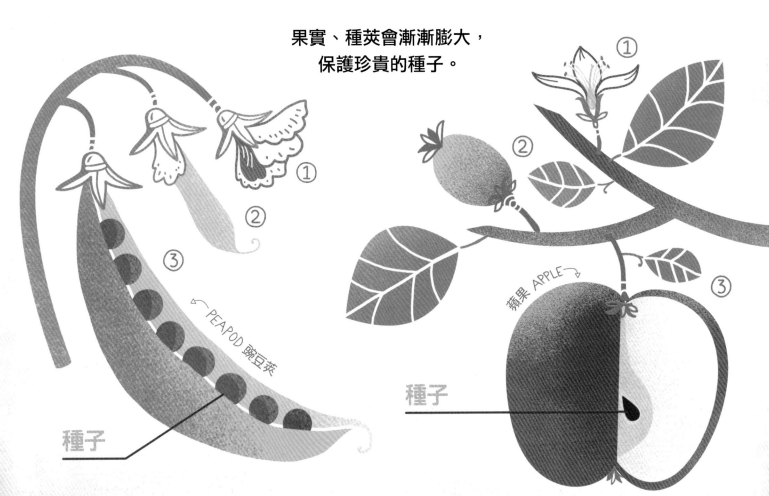

GOLDEN RAIN TREE SEEDPOD 欒樹果實

CHICKPEA 鷹嘴豆

ROYAL POINCIANA SEEDPOD 鳳凰木種莢

BOTTLE TREE SEEDPOD 瓶幹樹果實

櫻桃 CHERRY

AVOCADO 酪梨

栗子 CHESTNUT

罌粟果實 POPPY POD

楓樹種子 MAPLE SEED

SWEET GUM SEEDPODS 楓香蒴果

保護種子的果實、
果殼或種莢，
各有不同的形狀和大小。

CHILI PEPPER 辣椒

LOTUS POD 蓮蓬

牡丹果實 PEONY SEEDPOD

CUCUMBER 小黃瓜

STAR ANISE 八角

石榴 POMEGRANATE

ORANGE

柳橙

ACORN 橡實

德州山月桂種莢 TEXAS MOUNTAIN LAUREL POD

山毛櫸果實 COMMON BEECH NUT

金鐘梅果實 WITCH HAZEL

隨著時間流逝，種子漸漸長成，準備好要落地生長了。

有些種子
直接從果實蹦出，
在它掉落的地方生長。

啵！

紫羅蘭 VIOLET

好吃！

MULBERRY 桑葚

主紅雀 CARDINAL

馬 HORSE

有些種子
被動物吃下肚，
隨著動物的便便散播。

橡實 ACORN

SQUIRREL 松鼠

POOP 便便

蘋果籽

APPLE 蘋果

好吃！

老鼠 MOUSE

黑莓 BLACKBERRY

有些種子會旅行到各地，或近或遠。

有的滾下山坡，有的隨風飛行，
有的順著水流漂走。

蒲公英種子

LOTUS POD
蓮蓬

有的種子長了「翅膀」，
能夠滑翔。

楓樹種子

WALNUT 核桃

有的種子又硬又重。

貓 CAT

牛蒡的果實
BURDOCK
SEEDPOD

有的種子甚至長了鉤子，
能附著在動物身上，
就像搭便車一樣。

種子一旦落地，
新的植物就會開始生長。

現在我們知道，
開花植物各個部位的重責大任了。

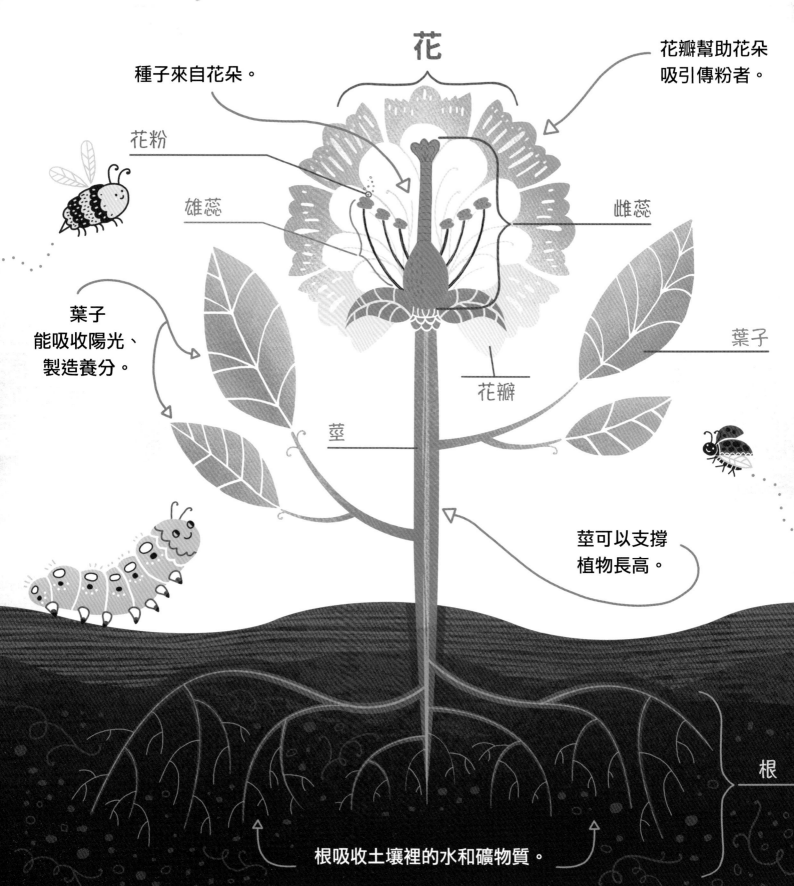

花

種子來自花朵。

花瓣幫助花朵
吸引傳粉者。

花粉

雄蕊

雌蕊

葉子
能吸收陽光、
製造養分。

葉子

花瓣

莖

莖可以支撐
植物長高。

根

根吸收土壤裡的水和礦物質。

我們也知道，
花朵究竟有多麼重要。

花朵長出的種子，
能讓植物散播到世界各地。

植物製造新鮮的空氣。

花朵長出的果實
能餵養人類和動物。

此外，植物還有其他
數不清的好處！

你想在自家花園裡種些什麼呢？
好吃的番茄？氣味香甜的薰衣草？
還是花朵巨碩的向日葵？

無論你種了什麼植物，
一定都很可愛。

因為你已經知道花的祕密，
學到有關花的科學，
知道花朵為什麼這麼特別。

有了快樂的花朵，
你和我才有快樂的地球！

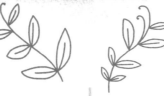

作繪者簡介

瑞秋‧伊格諾托夫斯基（Rachel Ignotofsky）

美國知名圖文作家，生於紐澤西州。2011 年以優異的成績畢業於賓州天普大學泰勒藝術學院的圖像設計系，決心致力於創作富有教育性的藝術作品。著有暢銷書《勇往直前：50 位傑出女科學家改變世界的故事》、《美麗的地球》等。

《花的祕密》為伊格諾托夫斯基的最新創作，她希望這本書能夠激發大家對世界的好奇心，隨著書中可愛的小動物問問題，探索科學與自然之美。

個人網站 rachelignotofsky.com
IG@rachelignotofsky

譯者簡介

陳雅茜

小時候讀的是科學，長大後卻掉進文字湯。臺灣大學植物學系畢業，美國俄勒岡州立大學森林資源學系碩士。曾任《未來兒童》、《科學少年》總編輯，期間雜誌獲金鼎獎。著作《未來公民──生活科技》、《光頭探長狄鐵夫大戰無影狐》獲「好書大家讀」年度最佳少兒讀物獎；譯有「貓咪雷弟」系列等兒童繪本、《熊行者──追尋指路星》等兒童小說，及《X 染色體》、《關鍵 18 分鐘》等書籍；科普及知識類文章散見兒童雜誌。

參考資料

書籍

- Karr, Susan, Jeneen Interlandi, and Anne Houtman. *Scientific American Environmental Science for a Changing World*. New York: W. H. Freeman and Company, 2018.
- Niehaus, Theodore F. *A Field Guide to Pacific States Wildflowers: Washington, Oregon, California, and Adjacent Areas*. Peterson Field Guides（彼得森野外指南）. New York: Houghton Mifflin Harcourt, 1998.
- Rao, DK, and JJ Kaur. *New Living Science Biology for Class 9*. Delhi: Ratna Sagar, 2006.

網站

- US Forest Service（fs.usda.gov）
- Wildflower Search（wildflowersearch.org）
- Santa Monica Mountains Trails Council（smmtc.org）

地點

- 美國漢庭頓圖書館（The Huntington Library, Art Museum, and Botanical Gardens）
- 美國伊頓峽谷自然區和自然中心（Eaton Canyon Natural Area and Nature Center）
- 美國大盆地紅木州立公園（Big Basin Redwoods State Park）

延伸閱讀

網站

- DK Find Out! Plants（dkfindout.com/us/animals-and-nature/plants）
- Kids Gardening（kidsgardening.org/garden-activities/）
- National Park Service（nps.gov/index.htm）

書籍

- Ehlert, Lois. *Planting a Rainbow*. New York: Houghton Mifflin Harcourt, 2013.
- Gibbons, Gail. *Flowers*. New York: Holiday House, 2020.
- Jordan, Helene J., and Loretta Krupinski. *How a Seed Grows*. New York: HarperCollins, 2015.
- Zommer, Yuval, Elisa Biondi, Scott Taylor, and Barbara Taylor. *The Big Book of Blooms*. New York: Thames & Hudson, 2020.
- 《沉睡中的種子》（*A Seed is Sleepy*），黛安娜‧哈茨‧阿斯頓著，希薇亞‧隆繪，張東君譯（水滴文化）
- 《植物博物館》（*Botanicum*），凱西‧威利斯著，凱蒂‧史考特繪，周沛郁譯（大家出版）